DE L'AGRICULTURE

EN FRANCE

PAR

CÉLESTE DUVAL

INSPECTEUR DE COLONISATION EN ALGÉRIE, MEMBRE DE L'ACADÉMIE NATIONALE DE LA SOCIÉTÉ D'ENCOURAGEMENT, ETC.

De la décadence ou de la prospérité de l'agriculture date l'ère de la décadence ou de la prospérité des empires.

PARIS

TYPOGRAPHIE DE HENRI PLON

8, RUE GARANCIÈRE.

1er Février 1860.

DE L'AGRICULTURE

EN FRANCE.

DE L'AGRICULTURE
EN FRANCE

PAR

CÉLESTE DUVAL

INSPECTEUR DE COLONISATION EN ALGÉRIE, MEMBRE DE L'ACADÉMIE NATIONALE,
DE LA SOCIÉTÉ D'ENCOURAGEMENT, ETC.

De la décadence ou de la prospérite de l'agriculture date l'ère de la décadence ou de la prospérité des empires.

PARIS
TYPOGRAPHIE DE HENRI PLON
8, RUE GARANCIÈRE.

1er FÉVRIER 1860.

DE L'AGRICULTURE
EN FRANCE.

I

L'agriculture, c'est la source des richesses les plus positives de la France. — Situation de l'art agricole. — Renaissance de cet art par l'Empereur.

De l'agriculture dépendent le bonheur et la richesse de la France; de cette belle science doivent sortir les sources des richesses les plus positives pour elle; de la culture des terres arables qui composent la surface de son sol, de l'exploitation des mines qu'elle possède et de celles de l'Algérie, du creusement de nombreux canaux, du reboisement des montagnes dénudées et de leurs déclivités, du défrichement des forêts dans les plaines, de la bonification des terrains stériles, dépendent la force et la grandeur de cet empire; de l'application bien entendue, bien comprise, de tous ces travaux réunis, dépend le bien-être du peuple, de cette même application dépend la paix de la France.

Les titres de noblesse de l'agriculture sont inscrits au premier feuillet des archives du genre humain. De tous les métiers exercés par le bras de l'homme, de tous les arts, de toutes les sciences cultivées par son intelligence, l'art de labourer la terre a été le *seul travail divinement imposé au roi de la création.*

L'agriculture occupe environ les six dixièmes de la population de la France; elle fait entrer dans les coffres de l'État les sept dixièmes de l'impôt; à l'agriculture seule a été confié le noble soin de nourrir l'homme; sans elle toute société humaine manquerait du premier principe indispensable à son existence. Si l'Angleterre perdait son agriculture, elle périrait de disette à côté de son opulent commerce et des produits de ses possessions d'outre-mer.

Et qui le croirait? Malgré toutes les richesses qu'elle présente, malgré tous les dons qu'elle peut offrir, l'agriculture était abandonnée depuis bien longtemps déjà; représentant un art beaucoup trop modeste, elle avait cessé d'être de mode, et sa décadence approchait.

Mais l'Empereur, beaucoup plus occupé des intérêts sérieux du pays qu'aucun des monarques qui l'ont précédé, a su reconnaître la voie fatale dans laquelle on s'engageait; il l'a fait voir par sa lettre adressée le 15 janvier au ministre d'État, par laquelle il prouve que l'agriculture est digne de fixer l'attention du *législateur*, du *philosophe* et de l'*économiste*.

Combien de souverains, en France, depuis des siècles, ont su comprendre leur véritable mission; combien ont su comprendre que par l'agriculture ils pouvaient parvenir à rendre leur peuple heureux et à répondre à ses besoins!

L'Empereur seul a compris cette vérité; lui seul a reconnu que l'agriculture pouvait rétablir la paix et accroître le bonheur général : depuis 1848, tous ses discours, tous ses messages, toutes ses proclamations l'ont prouvé.

L'agriculture, cette mère nourricière du genre humain, inconnue aujourd'hui dans les campagnes de la France, et qui n'existe que théoriquement dans les grandes villes, au sein de quelques sociétés savantes, dont les efforts sont dignes des plus grands éloges, et dont les membres, dans leurs rapports et leurs discours, reconnaissent l'importance des campagnes sur celle des villes, et l'indépendance de l'homme des champs sur l'assujettissement du citadin, dans lesquels ils démontrent que le travail agricole est la source de l'aisance, de la moralité et de la paix; l'agriculture, disons-nous, est donc enfin, par la vive impulsion qu'elle va recevoir, à la veille d'être tirée de ses langes.

Les populations rurales, les classes laborieuses, ne savent rien faire par elles-mêmes lorsqu'il s'agit d'améliorations : il leur suffit de vivre; elles abandonnent au chef de l'État le soin de veiller au bonheur général, en prévenant la misère et en recherchant les moyens d'augmenter l'aisance.

Tel est l'objet auquel travaille avec le plus grand soin l'Empereur qui nous gouverne.

En effet, il ne doit être pour le chef d'un État aucune tâche plus noble et plus élevée que celle de placer les destinées de son peuple au plus haut degré de prospérité possible ; cette tâche, l'empereur Napoléon III l'a comprise, et son génie, qui a senti les besoins exigés par l'agriculture, a voulu la relever aux yeux de ses sujets en s'en occupant personnellement; car il sait que les bonnes influences descendent d'en haut et pénètrent insensiblement le peuple, comme la rosée que l'on ne voit point tomber, pénètre la terre, l'assouplit et la féconde; il a voulu relever l'art agricole par l'exemple, en ordonnant de porter sur sa cassette particulière toutes les dépenses faites pour la création de fermes au milieu des terrains les plus infertiles de la France; enfin, en donnant la sanction à ses idées par son célèbre manifeste au ministre d'État. Et cela, au moment même où une civilisation mal comprise, et où les influences laissées par l'ignorance et l'impuissance des derniers gouvernements repoussaient et faisaient repousser l'agriculture; au moment où l'homme, sous ces gouvernements, dont les ministres étaient bien plutôt des hommes de circonstances que des hommes de spécialités, ne voyait plus que les sciences étrangères à la science agricole, que les arts étrangers à l'art du labourage; au moment où la terre, méprisée, quoique donnée à l'homme pour subvenir à tous ses besoins, était abandonnée, pour être fécondée, aux mains de la partie la moins avancée et la plus illettrée de la nation.

Depuis deux siècles, et surtout depuis 1820, les grands propriétaires, entraînés par la puissance des exemples, hélas! c'est avec douleur que nous le disons, sauf quelques rares exceptions, n'ont-ils pas négligé de faire valoir leurs propriétés? et les hommes de fortune, d'ambition et de talent, pour se produire sur un plus vaste théâtre, ne viennent-ils pas s'agglomérer tant à Paris que dans les grandes villes, abandonnant la culture des terres aux mains des habitants des campagnes, qui, en France, forment, nous l'avons déjà dit, la classe la plus ignorante, la plus attachée aux vieilles routines et la plus ennemie de tout progrès?

Aussi, par suite de cette espèce de classement social, il est arrivé que l'élite de la nation française est devenue généralement étrangère à tout ce qui tient à l'art de cultiver les champs, et il semble que les choses matérielles sur lesquelles reposent l'existence de l'homme, l'accroissement de la population, la fortune publique et les fortunes particulières soient indignes d'elle. Les sciences économiques n'entrent pour rien dans l'éducation du fils du riche propriétaire; tel fils de famille, héritier d'une grande fortune, ami des lettres et des arts, n'a jamais arrêté son esprit sur le rapport ou l'ensemencement d'un hectare; ce sont ces hommes qu'un orateur de nos jours a caractérisés en disant : « Ils ne savent rien produire, ils ne savent que consommer. »

Dans ces derniers temps, la décadence de l'agriculture s'avançait à grands pas et chacun la fuyait : le fils du riche propriétaire, le fils du vigneron, le fils même du simple cultivateur, ne remplaçaient plus leurs pères dans les travaux des champs; aveuglés par les passions du siècle et par l'ambition, ils préféraient, poussés par leurs pères eux-mêmes, que l'orgueil et le désir de sortir de l'honorable condition de cultivateur égaraient, se faire clercs, commis, huissiers, greffiers, notaires, avocats, médecins, commerçants, industriels, peintres ou joueurs de bourse..... et cela se voit encore aujourd'hui! — *Heureux cependant les cultivateurs, s'ils savaient apprécier leur position* (Virgile).

De 1820 à 1848, la science agricole a continuellement marché en déclinant; elle n'était plus honorée, et néanmoins l'agriculture est tout; de l'agriculture découlent la richesse et l'abondance; c'est elle qui fournit le pain; elle nous fournit toutes les denrées alimentaires, presque toutes les matières premières.

La renaissance semble donc être arrivée pour l'agriculture, et cette belle science va bientôt reparaître sous un lustre brillant.

Que les efforts de tous se tournent donc vers l'agriculture, vers une agriculture raisonnée, comprise et bien appliquée, et que l'on s'attache à mettre en culture tous les terrains arables dont la France peut disposer; car il est du plus grand intérêt de tous de voir porter cet art au plus haut degré de prospérité.

Mais, comme les meilleurs projets ici-bas ne peuvent porter leurs fruits qu'autant que l'application en est justement dirigée, voyons quels sont les moyens d'arriver à faire sortir le plus promptement possible l'agriculture de l'état déplorable dans lequel l'a trouvée le gouvernement de l'Empereur, et quels doivent être ceux à employer pour lui donner la force qui lui manque.

Nous aussi nous demandons à contribuer à la conquête de la richesse nationale, et nous allons essayer d'arriver à ce but par les puissantes considérations dans lesquelles nous allons entrer.

Le cultivateur français, presque toujours fermier, à l'ignorance joint encore la pauvreté; il manque de capitaux, et par conséquent d'instruments aratoires, de bras, de bêtes de travail, de chevaux, de moutons, de porcs; les terres qu'il ensemence sont mal travaillées, ne reçoivent que des quantités de fumiers insuffisantes, parce qu'il manque d'animaux, parce qu'il ignore la valeur de ces fumiers, et que souvent il néglige de les économiser; et, en dehors de quelques propriétés favorisées, le reste du territoire arable de la France est mal cultivé et donne, les engrais ne lui étant pas fournis en quantité convenable, des produits bien inférieurs à ceux qu'on en devrait obtenir, et les deux tiers de ce territoire restent plongés dans un état d'inertie et d'infertilité regrettable.

Le cultivateur est pauvre parce qu'il n'a pas d'engrais, qu'il cultive mal et qu'il manque de connaissances agricoles, et il cultive mal et n'a pas d'engrais, parce qu'il est pauvre et qu'il ignore les premiers principes de l'agriculture. — Il lui suffit de payer ses fermages, de vivre, et, hors de ce but, pas de goût, pas d'habileté.

Tant que durera cet état de choses, tant que les engrais manqueront au cultivateur, tant qu'à l'ignorance il joindra la pauvreté, l'agriculture souffrira et restera dans un état d'inertie complet; aucune amélioration ne pourra avoir lieu; les matières premières manqueront, les denrées alimentaires deviendront de plus en plus rares; le prix des fermages deviendra trop élevé et non en rapport avec les bénéfices faits sur les récoltes, il appauvrira le fermier et le propriétaire. *Propager les améliorations, porter remède aux souffrances, c'est le devoir de l'administration de l'agriculture et du commerce, a dit l'Empereur le* 12 *novembre* 1850.

D'après ce que nous venons d'exposer, il est facile de répondre aux questions qui souvent sont posées de la part de personnes étrangères à l'art agricole, étonnées de voir que la France est si en arrière des autres nations sur l'agriculture!

En effet, qu'elles jettent un regard sur le système adopté jusqu'alors en France; qu'elles songent, en s'en rendant compte, à l'inquiétude de l'homme des champs sur la disette des engrais, et tout étonnement cessera de leur part à ce sujet. Qu'elles sachent que chez les autres nations, dans les États germaniques, et surtout en Angleterre, l'art de cultiver les terres, qui est, dans ces pays, appelé vulgairement l'*économie*, y fait partie de l'éducation : la jeunesse pauvre rencontre dans cette éducation son existence et ses destinées futures : elle fera valoir les terres des grands propriétaires; la jeunesse riche y puise les premières connaissances nécessaires à l'homme d'État. Chez nos voisins la pensée est plus grave; le sentiment de soi-même y est toujours dominé par celui du pays; les propriétaires les plus riches comme les plus honorables y recueillent eux-mêmes une grande partie de leurs revenus par la culture de leurs domaines; ils répandent la lumière autour d'eux, ils y propagent les bonnes doctrines, y offrent d'utiles exemples, y excitent l'émulation; ils consacrent des fonds au croisement, à l'amélioration des races; ils instituent des primes, soit en faveur des meilleures méthodes agricoles, soit en récompense de l'éducation des plus beaux bestiaux. En France, rien de tout cela; aussi, découragement, dégoût, pas de progrès, diminution dans les récoltes, dans toutes les denrées alimentaires, les troupeaux, les chevaux disparaissent.

Nous l'avons prouvé suffisamment; l'agriculture est dans une situation telle, en France, qu'elle doit inspirer des craintes sérieuses à l'homme d'État, et être l'objet de ses préoccupations les plus incessantes. L'Empereur l'a compris, et, le premier, il a donné l'impulsion aux idées du progrès agricole.—Des hommes de science, de grandes positions et de grandes fortunes ont déjà suivi son exemple, et n'ont rien trouvé de plus noble que de consacrer à cet art, non pas seulement leurs loisirs, mais tous leurs instants; des sociétés d'encouragement, d'acclimatation, une académie agricole, commerciale et manufacturière, etc., ont été fondées depuis 1848, sociétés que président et dont font partie *des princes, des hommes d'État, de grands économistes, les premiers agriculteurs, les premiers manufacturiers, les hommes, par leur nom et leur fortune, les plus distingués que possède la France.*

Sur tous les points de l'empire se créent des fermes-écoles, des sociétés d'agriculture, des comices; dans tous les grands centres se fondent des feuilles, des journaux d'agriculture, dont la rédaction est confiée à des hommes de pratique et de théorie, à des hommes spéciaux et dévoués.

L'impulsion est donnée, elle se continuera, et le peuple des campagnes suivra l'exemple, encouragé par la confiance que lui inspire l'Empereur. — Le peuple se laisse diriger bien plutôt par la puissance des exemples que par la rigueur des lois, et se gouverne plus facilement par des influences que par des injonctions!

Ayant sous les yeux l'exemple de l'élite de la nation, l'exemple du chef de l'État lui-même, il marchera sans s'arrêter, nous en avons la conviction, dans la voie nouvelle qui lui est tracée; mais les véritables principes de l'agriculture lui manquent; mais le levier de l'agriculture lui fait défaut, pour suivre fructueusement cette voie. Donc, pour que les efforts ne soient pas infructueux et qu'ils ne fassent alors retomber l'agriculture dans une situation plus désastreuse encore, pour dégager le cultivateur de l'étreinte qui l'enserre, pour procurer des capitaux au travail agricole, il faut :

1° *Apprendre à l'homme des champs, et surtout à son fils, à faire produire quatre tiges au grain de blé qui n'en donne que deux.*

Sans une étude des parties qui composent la terre où les plantes croissent, sans une étude des parties elles-mêmes dont les plantes sont formées, sans connaissances en agriculture, sans quelques notions sur la chimie et la géologie agricoles, le cultivateur ne peut faire produire au sol que de faibles récoltes.

Il faut donc répandre dans les villages, dans tous les centres agricoles, des leçons si utiles, et employer de préférence, pour l'accomplissement de cette œuvre, les maîtres d'école, parce qu'aucune classe d'hommes ne possède, à l'égal de la leur, le moyen d'avancer le succès d'une entreprise si importante pour l'agriculture : l'enseignement de cette noble science.

Un catéchisme d'agriculture, mis entre les mains des jeunes gens des campagnes et des villes, est de la plus grande importance. Il serait difficile aux maîtres d'école de rendre un plus grand service à la France que celui de propager, simultanément avec les autres instructions, les rudiments de cette science dont dépend sa prospérité.

Peu d'élèves sortiraient alors de leurs mains avant d'avoir appris ce qui pourrait les mettre à même de faire *produire quatre tiges au grain de blé qui n'en donne que deux.*

2° *Il faut procurer à l'homme le levier qui lui manque, et ce levier, si nous pouvons nous expliquer ainsi, c'est l'engrais.*

Comment veut-on que le paysan puisse tenter des défrichements nouveaux, qu'il cultive même d'une manière fructueuse, quand il est suffisamment prouvé que l'engrais qui existe ne peut pas suffire pour engraissser le tiers des terrains arables de la France, ce que nous allons démontrer?

L'homme des campagnes un instant relevé, sans principes fertilisants, tombera de nouveau, et, cette fois, il faudra un miracle pour le sauver de la ruine.

Donc, trouvons de l'engrais. L'engrais, c'est le cri de détresse de l'agriculture; le moyen de l'augmenter doit être le but des recherches des hommes de science et des économistes.

Tel est surtout le véritable problème à résoudre immédiatement, *celui des engrais*, celui de procurer ces précieuses matières aux agriculteurs, car de l'abondance ou de la pénurie des engrais dépendent la pauvreté ou la richesse; par les engrais, on peut doubler les produits agricoles, relever l'agriculture de sa décadence, augmenter, doubler, tripler le nombre des têtes de bétail, enrichir le cultivateur, procurer l'abondance dans les campagnes, la richesse et le bien-être dans les villes.

Sans engrais, pas de récoltes, nous le répétons, pas d'aisance chez le paysan, et les terres qui lui appartiennent restent frappées de stérilité; l'engrais, c'est la résolution de tout problème agricole; c'est l'âme, la vie et le gage de succès de tout ensemencement; l'engrais, c'est du minerai d'or pour l'agriculture.

L'Empereur a su reconnaître tous les besoins de l'agriculture; il a su en mesurer toutes les ressources, tant sous les rapports territoriaux que sous ceux industriels, commerciaux et manufacturiers : il saura subvenir à ceux-là et féconder celles-ci.

II

La pénurie des engrais en France ne vient que de l'incurie et de l'ignorance de l'homme.

Nous n'avons pas la prétention d'être les seuls à qui l'idée soit venue de chercher à secourir l'agriculture par l'augmentation des engrais. Si la pénurie des engrais est un cri de détresse, elle est aussi un cri général. Les idées générales et utiles à l'humanité ont cela d'important qu'elles viennent à l'esprit de tous, et il n'est donné véritablement à l'homme de science que de trouver les moyens de les appliquer et de les rendre fructueuses!

Les terrains arables de la France ne reçoivent à peine que le tiers des engrais qui leur sont nécessaires pour pouvoir donner des récoltes en rapport avec les besoins d'une population de 36 millions d'habitants, qui accepte, gaspille et ne rend rien, ou ne rend que dans des proportions bien inférieures. Aussi la quantité de produits est-elle diminuée, et la France est-elle forcée d'avoir recours à ses voisins, pour se procurer une grande partie des matières alimentaires, le blé, la viande, les huiles, les cuirs, les laines, etc.

La nécessité des engrais se faisant sentir de plus en plus, on s'est donc appliqué à la recherche d'engrais artificiels, et nous avons vu paraître dans le commerce, depuis quelques années, les tourteaux de Rohart, la poudrette d'Amiens, le guano, l'engrais Marchand, l'engrais Millaud, l'engrais Bédarrid, l'engrais Lyon, l'engrais de Sussex, etc., qui tous sont formés de débris animaux, de débris végétaux et de sels minéraux.

Mais tous ces engrais artificiels réunis sont peu abondants, et on est bien loin encore de pouvoir arriver par eux à combler le chiffre énorme de ceux exigés pour les besoins de l'agriculture, et les deux tiers des terrains arables de la France, en admettant que l'autre tiers fût largement engraissé au moyen des fumiers de ferme, du guano, des tourteaux, de la poudrette, etc., manquent encore des principes nécessaires à leur fécondation.

C'est donc avec raison que Schwers a dit dans un de ses ouvrages :

« Je suppose que vous mettiez en pièces toutes les vieilles friperies, tous les vieux chiffons, que vous réduisiez en poussière tous les sabots, toutes les cornes de vos animaux; je suppose que vous obligiez toute la population à se raser la face et la tête pour transformer en engrais toute la barbe et tous les cheveux que vous pourrez vous procurer; combien de millions d'hectares parviendrez-vous à fumer avec de pareilles ressources! »

Cette boutade humoristique d'un homme sérieux peint mieux que tous les raisonnements la détresse de la situation.

L'agriculture ressemble à une roue tournante qui prend en passant pour rendre toujours, mais dont la rotation est loin d'avoir été comprise. Puisse l'homme, par son ignorance et par son incurie, cesser de l'arrêter dans son mouvement et l'empêcher de verser abondamment ses riches dons.

Que l'homme restitue à la terre tous les débris des produits qu'elle lui donne, et la terre continuera de lui fournir de nouveaux produits et avec plus d'abondance; mais si, dans son ignorance, il ne sait pas les lui rendre fidèlement, elle ne lui donnera ces nouveaux produits qu'en rapport des débris rendus, et il arrivera un moment où cette terre, s'appauvrissant de plus en plus, ne lui donnera que des produits bien insuffisants pour sa consommation.

Les engrais manquent, et leur pénurie ne vient réellement que de l'incurie du cultivateur, et plus encore de l'ignorance et de l'insouciance de l'homme des villes, qui, complétement ignorant des richesses que la nature, dans sa prévoyance, semble lui indiquer, laisse perdre chaque jour les débris des aliments qui servent à entretenir son existence.

Paris, par exemple, engloutit le quinzième des produits de la France, et les débris de tout ce que cette immense ville consomme sont charriés à la mer par les eaux de la Seine, et se trouvent entièrement perdus pour l'agriculture.

En présence de ce seul exemple que nous citons sur tant d'autres, doit-on s'étonner que les engrais

manquent, que la fertilité du sol diminue de plus en plus, que les céréales, les fruits, les viandes, les huiles et toutes les denrées alimentaires ne soient plus fournis qu'en proportions bien inférieures, et tellement peu en rapport avec les besoins de la population toujours croissante, que cette population, et surtout sa partie la plus pauvre, a peine à suffire à son existence.

Trouver un engrais que l'on puisse tirer à un très-bas prix des matières perdues et provenant des aliments que l'homme consomme chaque jour, tel est le véritable problème à résoudre pour que l'agriculture puisse répondre aux exigences de la consommation.

Ce problème, nous l'avons résolu, et nous pouvons offrir, dès aujourd'hui, à l'agriculture une grande partie des engrais qui lui manquent, et la mettre à même, par l'emploi de cet engrais, de se procurer abondamment tous ceux que réclament les terres arables de la France.

III

Insuffisance bien reconnue des engrais.

En agriculture, cela est incontestable, les lois sont invariables comme celles de la nature : sans action pas d'effet, sans engrais pas de récolte, et par suite pas de capitaux.

N'est-ce pas à la pénurie des engrais qu'il faut attribuer la chute d'une foule d'établissements agricoles, formés de nos jours par un grand nombre d'hommes du reste très-intelligents et très-capables? Nous pourrions citer bon nombre d'exemples.

Trop souvent les choses sont jugées d'après leurs effets, et bien rarement on sait remonter à la cause de ces effets. Aussi, le peu de succès d'un grand nombre d'établissements agricoles a-t-il donné naissance, parmi une foule de cultivateurs ignorants, à cet absurde préjugé, que l'agriculture, pour le cultivateur français, n'est qu'une source de pertes ainsi que de déceptions, et que la terre, donnée à l'homme pour subvenir à tous ses besoins, ne peut être fécondée que par les mains de la partie la plus ignorante et la moins éclairée de la nation.

La France possède aujourd'hui, savoir :

Terrains cultivés.	28,421,147 hect.
Marais, landes et autres terrains incultes à assainir ou à défricher.	3,077,592 hect.
Total.	31,498,739 hect.

Ce nombre d'hectares, pour donner des récoltes suffisantes et en rapport avec les besoins de la population, exige au minimum 10,000 kilogrammes de fumier à l'hectare, soit 314,987,390,000 kilogrammes.

La France ne possède qu'environ 15,000,000 de têtes de bétail, dont la production annuelle en fumier, par tête, n'est que de 6,500 kilogrammes.

Donc, les fumiers produits par les têtes de gros bétail ne s'élèvent en France qu'à 97,500,000,000 de kilogrammes, chiffre qui n'arrive pas même au tiers des quantités exigées pour engraisser convenablement les 31,498,739 hectares cultivés et ceux à mettre en culture.

Les terrains cultivés de la France, ne recevant que le tiers des fumiers qui leur sont nécessaires, et les récoltes étant données en proportion des fumiers fournis, ne produisent, comme nous avons déjà eu occasion de le dire, que des récoltes inférieures à celles qu'on pourrait en obtenir.

2.

Fumier nécessaire pour la totalité des terrains arables de la France, cultivés ou à mettre en culture	314,987,390,000 kil.
Fumier produit par le bétail	97,500,000,000 kil.
Déficit. . . .	217,487,390,000 kil.

Il est évident, d'après les chiffres donnés ci-dessus, que les terrains de la France, les fumiers ne leur étant donnés qu'en très-faible quantité, ne peuvent produire que des récoltes inférieures. Il n'existe par conséquent pas d'autre moyen, pour arriver à faire cesser cet état de choses, que de trouver à remédier à la pénurie des engrais, et de résoudre cette importante question, de laquelle dépend l'avenir de l'agriculture.

IV

C'est à l'homme que la terre bienfaisante donne ses plus riches produits et en plus grande abondance, et c'est l'homme qui doit rendre à la terre les débris les plus riches et les plus abondants; car dans ces débris se retrouvent une plus grande partie des sucs nourriciers que la terre a fournis, et dont elle a besoin pour entretenir sa vigueur productive.

De tous les êtres animés, c'est l'homme qui consomme le plus, c'est lui qui épuise la terre en plus fortes proportions, c'est lui qui lui fait éprouver les plus grandes pertes par le gaspillage des débris de tout ce qui sert à son alimentation.

Comment veut-on que la terre épuisée fournisse une deuxième fois ce qu'elle a déjà donné, si rien ne lui est restitué? *Recueillir pour féconder, féconder pour recueillir, tel est le vrai principe en agriculture.*

C'est donc sur les débris abandonnés par l'homme que nous avons jeté nos vues pour arriver à combler une partie du déficit des fumiers en agriculture; ce sont particulièrement ses débris liquides, *les urines,* que nous avons choisis pour résoudre la question des engrais.

Ces déjections renferment les principes fertilisants les plus riches qui aient été enlevés à la terre, et, depuis que l'homme existe, ces précieux liquides s'infiltrent dans la profondeur des terres, ou sont charriés par les rivières à la mer.

Les urines de l'homme, seules, en un jour, égalent, en n'admettant aucune perte de gaz, la quantité de fumier nécessaire pour engraisser convenablement, par les quantités d'azote, de phosphore et de sels minéraux qu'elles renferment, environ 8,000 hectares de terrain par jour ou 2,920,000 hectares par année.

L'analyse a prouvé, en outre, que l'homme peut fournir chaque jour à l'agriculture, par les déjections liquides, la quantité d'azote qui entre dans la composition du froment qu'il consomme : *Un kilogramme d'urine correspond, à peu de chose près, à celle d'un kilogramme de froment* (1).

Quand on songe que, d'après les expériences des chimistes les plus distingués, un homme émet en moyenne chaque jour, par les voies urinaires, la quantité d'azote pouvant représenter un litre de froment, on est réellement étonné du gaspillage qui s'est fait et qui se fait encore d'une matière si utile.

En effet, les excréments de l'homme, et ceux liquides surtout, contiennent en grande partie les principes constituants de tous les grains, de toutes les denrées, de tous les légumes, de toutes les vian-

---

(1) Quoique l'urine d'un homme renferme la quantité d'azote nécessaire à la composition du froment qu'il consomme, il est reconnu cependant que 365 kilogrammes d'urine, émis par un homme en une année, ne donnent qu'environ deux hectolitres de grain, les racines, les tiges et la balle ayant tiré de ce nombre donné une grande partie des sucs qui étaient indispensables à leur formation.

des, etc. Lorsque nous exportons un mouton, un bœuf, du beurre, du fromage, du lait, de l'orge, de l'avoine, du froment, des pommes de terre, etc., d'une localité, nous enlevons au sol de cette localité une partie de ses éléments de fécondité. Que l'on songe maintenant combien doivent être grandes les pertes éprouvées par les pays producteurs de la France, depuis qu'ils alimentent Paris, Lyon, Marseille, Bordeaux, Rouen, le Havre, tous les grands centres, qui reçoivent toujours et ne renvoient rien. — La restitution faite aux terrains producteurs doit donc être incomplète, et la fertilité du sol, en France, doit nécessairement diminuer; elle augmenterait, au contraire, si on avait le soin de leur rendre tous les débris des denrées exportées, car ces débris renferment des éléments au moins aussi abondants que ceux fournis pour la formation des denrées elles-mêmes.

Composition de l'urine humaine.

Eau.	932
Urée et autres matières organiques contenant de l'azote.	49
Phosphates d'ammoniaque, de soude, de chaux et de magnésie.	6
Sulfate de soude et d'ammoniaque. . . .	7
Sel ammoniac et sel marin.	6
	1000

Par cette analyse, on voit que 1,000 kilogrammes d'urine contiennent 68 kilogrammes de matières fertilisantes de la plus riche qualité, qui, au prix où les engrais artificiels se vendent aujourd'hui, vaudraient au plus bas prix 50 fr. les 100 kilogrammes. Comme chaque individu, en moyenne, homme, femme et enfants, produit environ 365 kilogrammes d'urine par an, la perte qui en résulte, calculée au taux de 50 fr. par 100 kilogrammes, s'élève à 18 fr. 25 c. par tête.

L'urine fournie par la population de Paris suffirait pour fumer environ 160,000 hectares de terrains, qui produiraient 4 millions d'hectolitres de grains.

Les urines produites par les 36 millions d'habitants que possède la France, représentent, par conséquent, 72 millions d'hectolitres de blé par la quantité d'azote qu'elles renferment.

Plusieurs chimistes agricoles portent la valeur et l'efficacité de l'urine, comme engrais, à un degré beaucoup plus élevé; ainsi M. Smith, de Deanston, affirme que l'urine de deux hommes suffit pour fumer 40 ares.

Par plusieurs séries d'observations, nous avons reconnu que la quantité moyenne des urines rendues par l'homme et la femme adultes, s'élève à 1,332 grammes par vingt-quatre heures et par individu.

La moyenne pour l'homme, la femme et les enfants, est d'environ 1,000 grammes.

La richesse en azote de ces déjections dépend beaucoup de la nature et de l'abondance des aliments consommés; ainsi, chez un individu qui se nourrit plus particulièrement de viande, les déjections sont plus riches en azote que chez celui qui ne vit que de légumes.

Les urines de l'homme, par les principes fécondants qu'elles renferment et par la grande quantité qui en est produite journellement, doivent sans contredit être considérées comme un des plus riches engrais que puisse utiliser l'agriculteur, comme un des plus abondants, puisque tout être humain donne en moyenne 1 kilogramme de ces déjections par jour, et enfin comme le plus facile à se procurer, puisque le cultivateur n'a qu'à le conserver, à aller le chercher dans les centres les plus voisins, et l'industriel des grandes villes à le recueillir et à l'économiser.

Le soin que l'on devrait apporter au ménagement de ce précieux, de cet incomparable engrais, serait assurément la mesure la plus certaine du développement agricole en France, et la source des richesses les plus positives pour ce pays.

Voyez la Belgique et la Hollande, les contrées où l'agriculture est le plus avancée en Europe; les déjections humaines liquides y sont l'objet d'un immense commerce, ce qui revient à dire qu'on ne néglige rien pour les économiser et les ménager. Dans ces pays, des réservoirs sont destinés à leur conservation, et forment un des objets essentiels de toute exploitation agricole.

Lorsque le moment de fumer les terres est arrivé, ces matières sont conduites dans les champs au moyen de seaux, ou encore au moyen de petites charrettes portant un tonneau muni, à son fond d'arrière, d'une auge ou d'un gros tube percé de trous, comme les tonneaux-arrosoirs.

D'après Robert Fortune, les Chinois, qui sont les premiers agriculteurs du monde, ont une grande estime pour l'engrais humain, et il n'est pas un voyageur en Chine qui n'ait pu remarquer, dit cet auteur, de petites citernes ou des récipients en terre destinés à le recevoir. Ce qui serait considéré chez nous comme une chose d'un aspect insupportable est vu, par les Chinois de tout rang et de toute classe, d'un œil de complaisance, et rien ne les étonne davantage que d'entendre des plaintes sur l'odeur infecte qui s'exhale de ces dépôts.

N'est-ce pas quelque chose de déplorable, au point de vue agricole, que l'incurie avec laquelle on laisse perdre en France un engrais de la plus haute valeur, dont la totalité réunie représente en azote la quantité de blé consommée par les 36 millions d'habitants qu'elle possède, et que des égouts conduisent journellement de nos villes dans les rivières dont elles corrompent les eaux, et de là à la mer, où cet engrais est à tout jamais perdu pour l'agriculture ?

On a cependant fait quelques progrès sous ce rap-

port dans ce pays, et on commence à s'y préoccuper, dans quelques grandes villes, de l'économie des excréments solides de l'homme et de leur application à l'agriculture sous le nom de poudrette, comme nous l'avons vu dans la nomenclature que nous avons donnée des meilleurs engrais artificiels.

La haute valeur que l'analyse chimique assigne aux urines, considérées comme engrais, devait nécessairement appeler tôt ou tard l'attention sur l'énorme déperdition qui s'en fait chaque jour au préjudice de l'agriculture, et au détriment, dans les grandes villes, de la salubrité publique.

On a donc cherché, depuis quelques années, à les employer immédiatement et au fur et à mesure de leur production; mais cet emploi immédiat présentait d'assez grands embarras pratiques, et ne pouvait être mis en usage que dans les petites localités. On s'est imaginé de les emmagasiner, de les conserver dans des réservoirs; mais, comme les urines peuvent à peine se conserver vingt-quatre heures sans éprouver dans leur constitution une altération très-grande, ce moyen a paru peu praticable, et a été abandonné dans le plus grand nombre des localités où il avait été essayé; d'ailleurs, des réservoirs de ce genre ne peuvent exister qu'en petit, et seulement aux environs des petits centres, les quantités produites dans les grandes villes étant beaucoup trop considérables pour être conservées dans des réservoirs, et le transport de toutes ces matières putréfiées et liquides étant pour ainsi dire, par suite du grand dégagement de gaz ammoniacaux produits par la fermentation des matières organiques azotées et de l'urée, impossible à de grandes distances, inconvénients qui ont toujours dû faire abandonner toute espèce de système de conservation à l'état liquide.

En Belgique et en Hollande, comme nous venons de le voir, les réservoirs à urines sont cependant encore en usage.

Sous la forme liquide, les urines offrent un emploi difficile et perdent avec rapidité, au contact de l'air, lorsqu'elles sont répandues, une grande partie de leurs principes fertilisants, et la plus grande partie du carbonate d'ammoniaque, auquel la fermentation a donné lieu pendant la décomposition qui s'est opérée dans les réservoirs; d'un autre côté, sous la forme liquide, elles communiquent aux végétaux qu'elles ont servi à alimenter un goût peu agréable, ce qui peut s'expliquer par l'odeur infecte et piquante des gaz et du carbonate d'ammoniaque dégagés, et dont les végétaux s'emparent pour en former leurs parties constituantes.

L'urine de l'homme, en France, recueillie avec soin dans les grandes villes comme dans les petites, dans les villages comme dans les hameaux, dans les fermes comme dans la maison du petit cultivateur, peut, par les propriétés fertilisantes qu'elle possède, augmenter considérablement les produits de l'agriculture, et amener, par les conséquences qui résul-

teront de son emploi, à doubler ses produits; par l'emploi de ces déjections, l'agriculture peut être ramenée au plus haut point de prospérité dans le délai le plus court. Mais il faut, *par des moyens simples, faciles et peu coûteux, parvenir à en concentrer les principes, arriver à en fixer tous les gaz volatils, à en empêcher la fermentation ou l'altération; il faut trouver le moyen de les solidifier, tout en les enrichissant de nouvelles matières fertilisantes et indispensables à l'alimentation des végétaux; enfin, il faut arriver par tous ces moyens réunis à un transport facile dans l'intérieur des campagnes et à de grandes distances.*

Nous avons entièrement résolu ce problème difficile, et nous obtenons l'immense avantage de pouvoir offrir à l'agriculture, par la concentration et la solidification des urines de l'homme, un engrais dont la richesse en azote peut, à notre volonté, surpasser celle du guano; un engrais sans odeur, d'un transport facile, et d'un prix si peu élevé, que le paysan le plus pauvre pourra en fertiliser ses terres.

Les urines ne pouvant se conserver plus de vingt-quatre heures sans éprouver une grande altération, leur conservation étant par cela même rendue impossible, et leur transport des grandes villes dans les campagnes, et à de grandes distances, ne pouvant avoir lieu en aucune manière, on a essayé, à l'effet de les conserver et de permettre leur transport sans pertes de gaz, d'empêcher leur putréfaction, et, par suite, le dégagement du carbonate d'ammoniaque.

On a d'autant plus cherché à empêcher le dégagement de ce gaz composé, qu'il renferme près du quart de son poids d'azote, corps dont la conservation importe le plus à l'agriculture, et qui entre dans la composition de tous les corps organiques.

On s'est donc efforcé, surtout, de prévenir, ou au moins de diminuer autant que possible la volatilisation du carbonate d'ammoniaque, qui se produit en si grande abondance par la fermentation des matières organiques et pendant la décomposition des urines; on a multiplié des tentatives de toutes sortes pour arriver à un résultat convenable, et, à cet effet, on a proposé d'ajouter aux urines de l'acide chlorhydrique, de l'acide sulfurique, du sulfate de soude, du sulfate de fer, un mélange de muriate et de phosphate acide de chaux, etc. Ces acides et ces sels jouissent de la propriété de se combiner avec les gaz ammoniacaux et peuvent former avec eux des composés non volatils, tout en empêchant la formation du gaz carbonate d'ammoniaque.

Afin d'obtenir les propriétés de l'urine sous une forme solide, on a essayé de la mélanger avec du gypse brûlé.

On a cherché à extraire des urines tous les sels qu'elles renferment au moyen de l'évaporation ou de l'ébullition, après avoir saturé les gaz ammoniacaux par l'acide sulfurique, etc.

Par ces moyens, la putréfaction était empêchée à la vérité et la volatilisation arrêtée; on pouvait même

solidifier l'urine; mais il restait des liquides d'un transport difficile, des plâtras ne contenant qu'une ou deux parties pour cent d'azote, et quelques sels de potasse, de soude, du sulfate d'ammoniaque, etc.

Pour arriver à un résultat satisfaisant, il fallait donc trouver le moyen, pour les grandes villes, de concentrer les urines, d'en tirer, ou à peu près, tous les gaz ammoniacaux, d'empêcher toute espèce de putréfaction par la fermentation, et obtenir par ces moyens un engrais que nous enrichissons encore par l'adjonction de plusieurs éléments indispensables à la formation des principes constituants des végétaux alimentaires, un engrais possédant la plus grande efficacité, et pouvant, par son très-petit volume, permettre un transport économique; il fallait trouver un autre moyen qui permît au cultivateur, au petit propriétaire d'empêcher la putréfaction des urines produites chez lui, ou tout au moins d'éviter la déperdition des produits de cette putréfaction, tout en obtenant un engrais solide.

Partant de là, nous sommes parvenus, au moyen de bassins dont le fond est une toile métallique à gaz, étagés sous forme de gradins et que nous remplissons de carbone végétal, de sulfate de chaux et d'humus (nous entendons par humus le produit de la putréfaction et de la combustion lente des végétaux ou de leurs parties), à retirer tous les gaz volatils azotés provenant des matières organiques de un, deux, trois et même quatre volumes d'urine; après le passage des urines, nous enlevons des bassins les trois corps absorbants enrichis des gaz, et nous les réunissons à un seul volume d'urine fraîche.

Au moyen d'acide chlorhydrique ou d'un mélange de sulfates bruts de zinc et de magnésie, et même encore de sulfate de fer, nous fixons les corps volatils, nous les changeons en sels non volatils, en sulfate d'ammoniaque, en chlorhydrate, etc., et le tout est rendu solide au moyen d'argile calcinée.

Le mélange est desséché à l'air libre, réduit en poudre et mis en barriques pour être expédié (1).

Dans la discussion sur l'efficacité de l'urine comme engrais, il ne faut pas considérer exclusivement l'élément azoté, il faut aussi ne pas perdre de vue les éléments phosphorés et minéraux.

L'azote étant le principe le plus important des engrais, doit, par cela même qu'il est le plus rare, être la mesure de leur valeur; mais le phosphore, la potasse, la chaux, la silice, la soude, la magnésie, le chlore, l'acide sulfurique, l'oxyde de fer, sont aussi des principes indispensables à la composition des végétaux, et quoiqu'ils ne soient pas aussi rares, plusieurs d'entre eux sont bien loin de s'offrir en assez grande abondance dans le sol pour dispenser l'agriculteur de toute préoccupation à leur égard.

Nous proposons donc, pour arriver à obtenir un

(1) Un brevet d'invention nous a été délivré à la date du 9 février dernier par S. E. M. le Ministre de l'agriculture.

engrais possédant exactement les principes immédiats des végétaux, d'ajouter en proportions convenables au volume d'urines concentrées, avant leur mélange avec l'argile calcinée, du phosphate d'ammoniaque, de chaux (pour remplacer ce dernier phosphate, nous pouvons employer les os après les avoir pulvérisés et les avoir dissous au moyen d'acide sulfurique), du nitrate de potasse, de soude, du sulfate ou de l'azotate de magnésie, du chlorure de sodium, enfin de nouvelles quantités de sulfate de chaux, tous sels tirés à très-bas prix du commerce.

Par l'addition de ces éléments, nous remplaçons les sels laissés dans les eaux abandonnées et desquelles nous avons retiré les gaz ammoniacaux, et nous augmentons encore d'une manière notable les doses d'azote de l'engrais obtenu.

Le meilleur de tous les engrais, cela est incontestable et prouvé, est celui qui se prépare avec les déjections animales, et particulièrement avec celles de l'homme.

Concentrées, solidifiées et enrichies de nouvelles doses d'azote, de phosphates, de sels minéraux, les urines de l'homme formeront un engrais unique, le plus riche, transportable, et, nous le dirons par un seul mot qui rendra notre pensée, *perpétuel* et *inépuisable*.

Par les urines que l'on méprise et laisse perdre, nous pensons avoir résolu la question, le problème des engrais; par leur emploi en agriculture, nous avons trouvé le moyen de fournir au sol épuisé

non-seulement une partie des principes fécondants qui lui manquent; mais encore nous avons trouvé, par leur emploi lui-même, celui d'arriver à donner à l'agriculture tous les éléments qui lui sont indispensables pour assurer sa prospérité, ce que nous ne tarderons pas à prouver.

Voici ce qui se passe dans les moyens que nous proposons pour arriver à la concentration des urines par l'emploi du carbone, du sulfate de chaux et de l'humus, et pour parvenir à les solidifier par leur mélange avec de l'argile calcinée.

Le carbone, le sulfate de chaux et l'humus, placés dans le premier bassin, s'emparent des gaz que dégagent, par suite de la fermentation, les urines jetées sur ces matières qu'elles pénètrent lentement; elles tombent, la putréfaction continue de plus en plus par la lenteur du temps employé et par le contact de l'air, et les nouveaux gaz produits sont arrêtés au passage par les trois puissantes matières absorbantes placées dans le second bassin ; le même effet se produit au passage dans le troisième bassin, dans le quatrième si besoin est, et les urines tombent enfin dans un récipient, débarrassées de tous les gaz ammoniacaux, et dont se sont enrichis, à leur passage par une infiltration lente, le carbone, le sulfate de chaux et l'humus.

Le *carbone végétal,* ou *charbon de bois,* réduit en poussière, possède la curieuse propriété d'absorber en proportions considérables *tous les gaz odorants des décompositions putrides, à mesure de leur production, les miasmes putrides de l'atmosphère et du sol, toutes les impuretés contenues dans l'eau, et notamment l'ammoniaque et le carbonate d'ammoniaque;* il s'empare de tous les gaz volatils en général, fait disparaître les mauvaises odeurs, et fournit par conséquent, lorsqu'il est enrichi de tous ces gaz, un engrais qui retient avec une certaine force les principes volatils fertilisants, et ne les cède ensuite qu'avec lenteur, ce qui doit être considéré comme un très-grand avantage en ce que, en cet état, dans ses effets sur la végétation, la durée est plus longue. — Les eaux croupies, répandant une odeur infecte, perdent cette odeur au contact du charbon.

— On rend potables les eaux corrompues des mares, en les faisant filtrer lentement à travers une certaine épaisseur de charbon de bois concassé.

— Le charbon, à l'état de poussière, jouit aussi de la propriété de condenser dans ses pores des quantités remarquables d'oxygène de l'air.

C'est à ces propriétés et à quelques autres qu'il doit de former un mélange très-riche avec le purin, la poudrette, les fumiers, l'ammoniaque liquide et divers autres engrais très-puissants. Seule la poussière de charbon peut entretenir avec lenteur la vie des plantes, et l'on prétend que, dans beaucoup de circonstances, elle est employée avantageusement en agriculture, même à l'état de pureté. — Les jardiniers se servent de charbon mouillé pour faire germer leurs semences promptement et avec certitude. La poudre de charbon, répandue avec la semence de froment hâte beaucoup la germination.

En général, les gaz les plus solubles dans l'eau sont ceux qui sont absorbés en plus grande quantité par le charbon, ce qui indique que les propriétés de ce genre qu'il possède à l'égard des gaz ammoniacaux des urines sont d'autant plus grandes.

Le *sulfate de chaux*, de son côté, possède certaines propriétés absorbantes, il s'empare de l'azote des urines pour former de l'azotate de chaux non volatil, et fixe en outre une grande partie des gaz ammoniacaux, par une transformation en sulfate d'ammoniaque, et en carbonate de chaux.

L'*humus* possède à peu près les mêmes propriétés que le charbon, et le rôle qu'il joue dans cet emploi n'est qu'absorbant.

Le sulfate de fer et l'acide chlorhydrique, ou les sulfates bruts de zinc et de magnésie servent à fixer les gaz et à empêcher leur dégagement.

Les autres sels minéraux ne sont employés qu'à l'effet d'augmenter le nombre des principes fertilisants et la richesse des urines concentrées comme engrais.

Quant à l'argile calcinée que nous employons pour solidifier tous les corps réunis, elle jouit, lorsqu'elle est calcinée à l'état humide, des plus grandes propriétés absorbantes, de celles d'agir comme un puissant amendement, et, de plus, elle possède celles d'attirer, lorsqu'elle est répandue sur le sol, les gaz de l'air, pour les céder ensuite lentement aux végétaux avec lesquels elle est en contact.

Pendant la cuisson, dans des fours ou ailleurs, la matière organique contenue dans l'argile disparaît et laisse un si grand nombre de petits vides, que ce corps est rendu des plus poreux et que sa texture mécanique est altérée au point que le tout tombe en poussière après la calcination.

Par le brûlis, cette terre, qui avant était compacte, acquiert une porosité telle qu'elle peut absorber et condenser une grande quantité d'air, de gaz ammoniacaux et autres dont les propriétés sont aussi puissantes que celles dont jouit le carbone végétal.

Il est donc tout à fait démontré que l'argile calcinée possède des propriétés absorbantes très-puissantes, et produit, par la force attractive qu'elle possède au plus haut degré d'attirer et de concentrer dans ses pores les gaz retenus dans l'air atmosphérique, un grand effet sur la végétation, par la cession qu'elle fait aux plantes de ceux dont elle s'est emparée. L'argile calcinée, comme nous l'avons vu, change donc tout à fait de caractère extérieur; elle perd sa ténacité, sa faculté de retenir l'eau; elle change d'aspect et de couleur; au lieu de rendre le sol plus compacte, plus difficile à égoutter, elle le rend plus meuble, plus perméable; sa manière d'agir sur le sol et sur les végétaux, ses affinités et son action sur l'atmosphère aussi sont changées.

Cette modification est durable : l'argile calcinée ne revient jamais à l'état pâteux, gras et liant de l'argile crue.

Cartwright et le major anglais Beatson ont, vers 1820, obtenu des produits surprenants, à l'aide seul de l'argile brûlée. La dose en était de 800 à 1,000 pieds cubes par hectare.

Nous employons de préférence l'argile rouge, car elle renferme une grande quantité d'oxyde de fer qui, pendant le brûlis, est transformé en oxyde noir par l'action de la matière végétale. Par le contact de cet oxyde avec l'air et les vapeurs qu'il renferme, il se forme de l'ammoniaque pendant le refroidissement, ce qui augmente considérablement encore la richesse de l'engrais que nous proposons. Il peut se former un kilogramme d'ammoniaque par dix kilogrammes d'oxyde de fer.

La dose des urines concentrées et solidifiées comme engrais varie suivant la richesse et le degré de concentration, de 6 à 12 hectolitres par hectare, dont le prix ne dépassera pas celui de 50 à 60 francs.

Ce riche engrais convient particulièrement aux prairies, aux plantes potagères, aux fourrages graminés et légumineux, aux fourrages divers, aux fourrages racines, aux céréales, et à toutes les plantes ou végétaux économiques en général, à l'exception de la vigne qui ne peut s'accommoder d'engrais azotés.

Les céréales, les trèfles, les luzernes ou sainfoins, les choux, les rutabagas, les betteraves, etc., sous l'influence des urines concentrées, donnent un rendement prodigieux et acquièrent une hauteur ou des dimensions considérables.

En 1857, nous avons obtenu, au moyen de l'urine étendue d'eau, un rendement en blé dur de 4,000 kilogrammes à l'hectare. Nous avons présenté en avril de la même année des pieds de blé, obtenus également au moyen de ce puissant engrais, possédant vingt-deux tiges et épis, garnis chacun de quarante grains. Deux pieds seuls formaient une petite gerbe. Ces beaux produits ont figuré à l'Exposition, au Palais de l'Industrie.

En 1858, figuraient à la même exposition de Paris, des cotonniers cultivés dans un jardin de cette capitale, et à l'air libre, au moyen de *son de blé* donné comme fumier, et en nous servant pour les arroser d'un mélange d'urine et d'eau (1).

Il y a quelques mois, nous avons obtenu à Saint-Cloud, département d'Oran, dans un terrain léger et sablonneux, et dans l'espace de quatre mois, des choux dont la pomme débarrassée des feuilles, atteignait le poids de 10 à 12 kilogrammes. La largeur de la tête de chaque chou avait 1 mètre de diamètre et couvrait 1 mètre superficiel de terrain. — Nous avons obtenu dans la même localité, et quatre mois après l'ensemencement, des racines de rutabagas

---

(1) Un rédacteur du *Siècle* a bien voulu parler de l'apparition inattendue de ces cotonniers à l'Exposition horticole de 1858.

atteignant le poids monstrueux de 6 à 7 kilogrammes, et des betteraves, celui de 8 à 10 kilogrammes.

L'engrais que nous proposons, loin de déterminer l'appauvrissement du sol par son emploi, ce qui arrive par celui de tous les engrais artificiels présentés jusqu'à ce jour, qui ne renferment que très-peu de gaz azote, de matières organiques, et encore moins les nombreux sels fertilisants propres à subvenir à l'alimentation des récoltes auxquelles on les applique; l'engrais que nous proposons, disons-nous, ne fait que l'enrichir par les doses d'azote, de phosphore, de potasse, de soude, etc., qu'il possède, et par la propriété précieuse dont jouit l'argile calcinée d'absorber et d'attirer les matières organiques et le gaz azote de l'air.

Cet engrais donne en outre à la terre une partie des substances minérales solubles, contenues primitivement dans tous les aliments de l'homme; et comme ces dernières substances tirent leur origine de la terre de nos champs, nous pouvons donc dire que les urines concentrées représentent en grande partie les matières enlevées au sol sous forme de froment, de racines, de feuilles, de viandes, etc.

Tel est le seul moyen qui puisse permettre d'utiliser avec économie et avantageusement, les urines des villes de France, et celles des grands centres surtout.

Quant aux moyens à employer pour leur conservation dans les fermes et chez le petit propriétaire, pour permettre au cultivateur d'empêcher leur putréfraction, d'en fixer l'ammoniaque et de les rendre solides, voici ceux que nous proposons :

Les cultivateurs auraient le soin de placer derrière leur maison, ou dans un coin de leur cour, un ou deux tonneaux pour recevoir, en guise d'urinoirs, par une ouverture pratiquée, les urines au fur et à mesure de leur production; quelques grammes de sulfate de fer et quelques kilogrammes de charbon de bois, de braise de four, seraient jetés au fond de chaque tonneau, et lorsque, au bout de quelques jours, ils seraient pleins, les urines devraient être mélangées à une quantité suffisante d'argile calcinée, et la pâte serait ensuite déposée dans un endroit de la cour, jusqu'au moment de répandre les fumiers dans les champs.

Deux kilogrammes de sulfate de fer suffisent pour désinfecter 100 litres d'urine. On peut employer au lieu de sulfate de fer, les résidus de fabrication de ce produit; on réaliserait ainsi une notable économie.

Nous croyons utile de donner ici, dans le but d'être utile au cultivateur, les moyens que nous employons pour calciner l'argile.

Nous faisons faire une tranchée, nous la remplissons de fagots, nous formons une voûte sur les fagots avec des mottes d'argile, taillées en face concave pour le passage de la fumée, et laisser passer la chaleur. Quand le bois est bien sec, on pourrait se dispenser de faire une tranchée, nous plaçons alors le bois sur le sol, en tas égal et oblong; nous le recouvrons de mottes, nous mettons le feu, et nous ajoutons de l'argile autant que le combustible peut le permettre.

Il ne faut pas oublier que l'argile doit être brûlée humide; sèche, elle durcit au feu, fait de la brique qu'il faut briser, et qui se pulvérise difficilement, au lieu que calcinée humide, comme nous l'avons déjà dit, elle donne après la combustion des mottes poreuses, que le mouvement et le moindre choc réduisent en poudre.

Nous croyons avoir suffisamment démontré par tout ce qui précède que les engrais sont indispensables aux terrains producteurs et qu'ils doivent très-sérieusement préoccuper les gouvernements; cependant ici, nous voulons nous répéter, car nous ne trouvons point assez d'expressions pour donner à notre pensée toute l'énergie de notre conviction :

La question des engrais, c'est la renaissance de l'agriculture, c'est la vie des générations futures; la science le sait, des efforts ont été faits, louables, mais insuffisants; des engrais artificiels ont été présentés pour venir en aide à l'agriculture, mais ils sont chers, les matières qui les composent sont difficiles à se procurer, et les quantités produites sont insuffisantes.

Nous nous sommes dit : L'homme prend toujours et ne rend rien; prenons une des matières abandonnées par lui, la plus riche, ses déjections liquides, dont les principes fécondants, reconnus par la chimie agricole, n'ont encore pu être employés par suite de leur décomposition et de la facilité avec laquelle ils se volatilisent.

Dix années, nous avons travaillé à ce problème, et nous l'avons enfin résolu. Aujourd'hui les urines, tant celles de l'homme que celles des animaux, matières se renouvelant sans cesse, peuvent être concentrées et amenées par les procédés que nous avons indiqués à l'état de poudre renfermant les principes les plus riches en azote et dont la dose peut varier de 3 à 20 pour 100.

Par cette simple découverte, nous augmentons la richesse dans les campagnes, nous assurons le bien-être du cultivateur, nous donnons enfin la possibilité à l'activité de notre nation, et nous lui permettons de se livrer sérieusement à toutes les industries agricoles, industrielles et commerciales auxquelles la lettre de l'Empereur nous convie, et nous n'aurons plus, nous l'espérons, dans des voisins plus heureux et plus avancés, que des émules et non pas des rivaux.

En effet, on peut facilement arriver à réaliser les idées et les projets que nous émettons et proposons. En calculant d'après la population de trente-six millions d'habitants que possède la France, on trouve sans nul doute, par la quantité de déjections liquides émises dans une année, une quantité de matières fertilisantes suffisante pour engraisser de deux à trois millions d'hectares au moins, en admettant toutefois que toutes les urines soient parfaitement économisées, ce qui serait assez facile, en ayant le soin de placer des récipients dans les rues de toutes les villes de France, des tonneaux, etc., dans les établissements publics, dans les casernes, dans les hôpitaux, dans les colléges, etc., dans les maisons particulières, dans les cours des établissements agricoles, et dans les cours ou derrière les maisons de tous les cultivateurs, petits et grands; en établissant dans chaque maison particulière, et surtout dans celles de toutes les petites villes, des récipients à urine dans lesquels seraient jetés du sulfate de fer, comme nous l'avons dit, pour empêcher la fermentation et fixer les gaz. Les urines ainsi traitées ne répandraient aucune odeur infecte.

Une expérience bien simple explique la facilité avec laquelle on peut désinfecter les urines, et empêcher que leurs réservoirs et récipients puissent conserver aucune odeur désagréable et piquante.

Que l'on prenne un flacon renfermant une dissolution d'hydrosulfate d'ammoniaque, il suffira de l'ouvrir pour que les personnes voisines soient incommodées par l'odeur qu'il répand; mais si on y verse une dissolution de sulfate de fer, la mauvaise odeur s'anéantit comme par enchantement, et l'on voit se produire une matière noire qui est de l'hydrosulfate de fer.

Dans les villes, les urines provenant des récipients

seraient vendues aux fabricants d'urines concentrées par les domestiques, les concierges, et même les propriétaires. De cette manière, les déjections, devenant l'objet d'un commerce important, cesseraient d'être vues avec dégoût; elles ne seraient plus méprisées, on tiendrait à les conserver par amour du gain, et l'agriculture en profiterait.

On pourrait encore utiliser, par le procédé que nous avons indiqué, dans les établissements où se fabrique la poudrette, pendant le traitement que l'on fait subir aux vidanges, tous les liquides qui en découlent et dont la totalité est répandue dans des égouts, dans les cours d'eau, ou dans des puits artésiens absorbants, ce qui occasionne la perte d'une très-grande quantité de sels ammoniacaux, de phosphate et d'autres substances minérales utiles. La transformation des matières fécales en poudrette occasionne, par la perte des eaux, celle d'une quantité d'azote telle qu'elle représente pour l'agriculture une valeur au moins trois fois plus grande que celle de toutes les matières fécales employées à la confection de cet engrais. D'un autre côté, pendant la longue durée du desséchement, toute la masse est en proie à une fermentation qui répand des émanations infectes, et qui détruit en pure perte pour l'agriculture la majeure partie des substances organiques restées dans les matières solides.

La poudrette, telle qu'on la fabrique à Paris, ne contient à l'état normal qu'un sixième pour cent d'azote.

Nous ne prétendons pas qu'il soit possible de recueillir exactement toutes les urines produites; mais, avec un peu de bonne volonté, il serait facile d'en ramasser, par les moyens que nous avons indiqués, des quantités considérables, et qui pourraient permettre assurément de parvenir à fumer le nombre d'hectares que nous avons indiqué plus haut.

D'un autre côté, on peut encore augmenter la quantité de ce précieux engrais en utilisant et en ramassant soigneusement les urines des animaux, celles du cheval et des bêtes à cornes, dont la richesse en azote est très-grande; car le meilleur de tous les engrais consistera toujours dans celui qu'on peut préparer avec les déjections animales.

Nous nous sommes arrêtés particulièrement au cheval et aux bêtes à cornes, parce que ces animaux donnent des quantités d'urine plus abondantes.

Un cheval peut fournir, au moins, 1,200 kilogrammes d'urine par an, susceptibles de fumer environ seize ares de terre.

Composition par kilogramme de l'urine de cheval.

Eau.	900	grammes.
Matières organiques azotées.	49	—
Matières salines.	51	—
	1,000	grammes.

Composition par kilogramme de l'urine de la vache.

Eau.	917 grammes.
Matières organiques. . . .	46 —
Matières salines.	37 —
	1,000 grammes.

Dans les écuries des casernes de cavalerie et dans toutes les garnisons de la France; dans les écuries des compagnies d'omnibus et de toutes les voitures publiques; dans les stations des voitures de remises, etc.; dans les écuries, étables, bergeries et porcheries des fermiers, des grands éducateurs de bétail, des nourrisseurs, il serait facile, au moyen de petites fosses creusées dans la partie la plus basse de ces lieux, de recueillir des quantités considérables d'urines qui seraient vendues aux fabricants d'urines concentrées, ou employées par les fermiers, après leur solidification et leur désinfection par les moyens que nous avons proposés.

Enfin, tous les cultivateurs en général devraient, ce qui leur serait très-facile, ménager les urines qui s'écoulent en pure perte des fumiers et des litières, également au moyen de fosses ou récipients. Les gaz ammoniacaux de ces eaux seraient fixés au moyen de sulfate de fer et de carbone, et solidifiés ensuite en les mélangeant avec de l'argile calcinée pour être entassées avec les urines de l'homme.

Par tous ces moyens réunis, et en ménageant le mieux possible toutes les urines humaines et d'animaux, on pourrait facilement parvenir à engraisser convenablement de 5 à 6 millions d'hectares de terres arables.

Restent maintenant les matières solides qui, presque toutes, sont perdues dans le plus grand nombre de villes de France, et qui, économisées, pourraient suffire pour fumer environ 1 million d'hectares.

Les communes, qui ont pour mission la tutelle des intérêts publics, devraient prendre des mesures pour qu'on ne perdît pas d'immenses quantités de principes fertilisants aussi précieux que les déjections animales, non-seulement au préjudice de l'agriculture, mais aussi de la propreté et de la décence. Des fabricants d'urines concentrées, placés aux portes des villes de France, pourraient acheter les liquides des urinoirs publics et particuliers. Par ce moyen, les engrais seraient moins rares, les récoltes seraient ainsi multipliées sans beaucoup de frais sur toute l'étendue de la France, et ces liquides seuls feraient diminuer la disette des fumiers qui se fait sentir partout.

Les procédés de concentration et de solidification des urines que nous avons découverts suffisent pour donner une idée de l'importance des ressources que peuvent apporter les déjections liquides, dont jusqu'ici on n'a tiré pour ainsi dire aucun parti.

Les urines de l'homme et des animaux et les

déjections solides de l'homme pourraient donc permettre de fumer de 6 à 7 millions d'hectares qui ne reçoivent à peu près que le tiers des fumiers dont ils ont besoin pour donner de belles récoltes. Ces récoltes sont alors diminuées de plus de moitié, et le fumier de ferme, qui est donné à leur alimentation en trop petite quantité, servirait à combler le déficit des fumiers à donner à 1 million ou 2 d'autres hectares.

De cette augmentation d'engrais, les récoltes deviendraient plus abondantes, et le cultivateur ne tarderait pas à jouir d'une certaine aisance; l'abondance des produits lui permettrait bientôt d'augmenter ses troupeaux de gros bétail, qui encore viendraient, par leurs riches déjections, augmenter la quantité de ses engrais, et la France ne tarderait pas à voir cesser chez elle la disette qui pèse sur les fumiers.

Nous avons dit que nous retirions les gaz volatils de un, deux, trois ou quatre volumes d'urines pour les concentrer dans un cinquième volume d'urines nouvelles.

On peut croire maintenant peut-être que ces eaux, ainsi dépouillées des gaz ammoniacaux qu'elles renfermaient, doivent être abandonnées et écoulées? Non. Retrouvant dans les eaux mères tous les sels minéraux qui se trouvaient dans les boissons dont l'homme s'est alimenté, nous les employons à la composition d'un engrais spécial pour la vigne, précisément parce qu'elles sont débarrassées des éléments azotés, corps nuisibles à la végétation de cet arbrisseau.

La nature nous fournit les engrais en abondance, seulement elle nous les fournit pêle-mêle, et nous laisse le soin d'en étudier la composition, de les classer, de les combiner, de les composer même et de les appliquer selon la destination normale de ces matières fertilisantes et l'exigence des végétaux qu'ils doivent alimenter.

Les végétaux sont formés d'une quinzaine de corps, et ce nombre si limité d'éléments suffit à l'immense variété de la production végétale, parce que leur valeur dépend de leur nature, de leur qualité, de leurs positions relatives, et que de là naissent des combinaisons infinies. (Georges Ville.)

V

Les gaz que dégagent toutes les matières organiques en décomposition, les gaz que laissent échapper tous les débris animaux surtout; ceux mêmes qui sortent continuellement de l'être, de l'animal vivant, par la transpiration et l'expiration, peuvent être arrêtés, absorbés et retenus par la puissance absorbante et la force attractive du carbone végétal et de l'argile calcinée, au double point de vue de l'agriculture et de la salubrité.

La grande valeur que possèdent le carbone et l'argile calcinée comme matières absorbantes des gaz ammoniacaux et autres, la puissante attraction dont jouissent ces deux corps à l'égard de tous les gaz provenant de la décomposition des matières organiques et des gaz méphitiques lancés continuellement dans l'air, peuvent, dans le double but d'arriver à augmenter la masse des engrais et d'empêcher la putréfaction de l'éther par la présence de ces gaz malfaisants au milieu d'un fluide que tout être qui vit respire, être utilisées par l'emploi de ces précieuses matières sous forme de tampons et comme matières absorbantes placées dans la profondeur de couvercles creux, ou servir à la confection d'appareils désinfectants (1).

Arrêter au passage tous les gaz qui s'échappent

(1) Ces appareils pourraient être à courants d'air. De cette manière l'air sortirait et les gaz malfaisants seraient arrêtés.

et se dégagent par l'action vitale des animaux, et celle putride des animaux et des végétaux, c'est un grand perfectionnement pour la salubrité publique et une économie incalculable pour l'agriculture, et cela est possible par le carbone et l'argile calcinée.

Par l'action de ces deux corps, plus d'émanations malfaisantes pour la santé de l'homme; l'éther, dans les grands centres, pourra conserver sa pureté; des nuages composés de gaz méphitiques et malfaisants cesseront d'envelopper Paris, Marseille, Lyon et les grandes villes.

D'après Saussure, le charbon de bois nouvellement calciné absorbe les volumes suivants des différents gaz dont la nomenclature suit, en prenant leur propre volume pour unité :

Ammoniaque.	90
Acide muriatique.	85
Acide sulfureux.	65
Hydrogène sulfuré.	53
Protoxyde d'azote.	40
Deutoxyde d'azote.	38
Acide carbonique	9.40
Oxygène.	9.30
Azote. . . . . , , ...	7.50
Hydrogène.	1.75

L'argile calcinée possède des propriétés absorbantes à peu près analogues à celles du charbon pour les quantités de gaz et la concentration de ces mêmes gaz dans ses pores; mais elle possède à un degré supérieur celle d'attirer à elle avec force, pour les enfermer dans ses pores, comme l'aimant attire et retient le fer, le gaz azote, toutes les vapeurs ammoniacales et azotées, et particulièrement les vapeurs d'eau et l'eau elle-même.

On voit, d'après la nomenclature qui précède et les propriétés absorbantes et attractives que possèdent le charbon et l'argile, qu'il est facile d'arrêter au passage, au moyen de couvercles creux, de tampons et d'appareils, dont la partie inférieure serait en toile métallique très-fine, le plus grand nombre des gaz qui s'échappent de toutes agglomérations humaines, pour se répandre dans l'éther qu'ils surchargent; qu'il est facile de rendre plus sain, par ces puissants moyens, l'air des grandes villes, au-dessus desquelles stationnent des nuages de gaz malfaisants; enfin, qu'on peut assainir les salles, les dortoirs des hôpitaux, des casernes, etc., débarrasser les lieux d'aisances, les écuries, les bergeries (1), etc., des gaz nuisibles provenant des déjections animales et autres, ou que laisse échapper par ses pores et l'expiration tout être ayant vie.

Quelques grammes d'acide muriatique peuvent

---

(1) Combien est grand le nombre d'animaux qui meurent, chaque année, par l'action empoisonnée des gaz ammoniacaux concentrés dans les bergeries, étables et écuries !

être ajoutés au mélange. Il se formerait alors des cristaux de sel ammoniac.

Les couvercles et tampons rendront possible et facile, dans quelques grandes villes de France, et surtout dans Marseille qui est privée de fosses d'aisances, l'usage de chaises portatives, de vases qui deviendront par l'emploi de ces couvercles entièrement inodores, ce qui sera pour la population entière de cette ville une des améliorations hygiéniques les plus nécessaires.

Lorsque le carbone et l'argile calcinée, à l'état de mélange, seraient saturés de gaz ammoniacaux et autres, ils devraient être remplacés par de nouvelles quantités, puis conservés et mis en barils, ou mélangés aux engrais obtenus par la concentration et la solidification des urines, pour être livrés ensuite à l'agriculture.

Ce système de couvercles, tampons et appareils à poudre absorbante pourrait être appliqué et placé, savoir :

Au-dessus des amphithéâtres;

Aux ouvertures des bergeries;

Sur chaque embouchure des plombs;

Dans les fabriques de cordes à boyaux;

Application aux chaises d'aisances pour grandes personnes;

Application aux chaises d'aisances pour enfants;

Au-dessus des tuyaux d'air de lieux inodores;

Aux ouvertures des chenils;

Dans les fabriques de colle-forte;

Dans les salles et chambres des crèches;

Dans les salles, dortoirs, réfectoires des colléges, institutions, séminaires, pensions, hôpitaux, prisons, casernes;

Aux ouvertures des écuries, étables;

Aux regards et dans l'intérieur des égouts;

Au-dessus des chaudières dans les fonderies de suif;

Dans les fabriques d'indiennes;

Au-dessus des lieux d'aisances, lieux portatifs, vases de nuit, etc., etc.;

Au-dessus des cages et dans les galeries des ménageries;

Au-dessus des morgues;

Dans les fabriques de noir animal;

Dans les écuries des nourrisseurs de Paris;

Dans les raffineries de sucre, de poudre, de soufre, etc., etc. (1).

Le mode le plus simple à employer pour l'application de ce système, dans l'intérêt de l'agriculture surtout, serait que des industriels entrepreneurs, pour Paris et les grandes villes, s'engageassent, aux frais des communes, aux frais des propriétaires, des locataires et des administrateurs, à placer les couvercles, tampons et appareils; qu'ils s'engageassent,

---

(1) Un brevet d'invention nous a été délivré à la date du 15 février par S. E. M. le Ministre de l'agriculture.

en outre, à la volonté des acheteurs, lorsque les poudres seraient saturées de gaz, et moyennant un abonnement, à changer ces poudres, puis à les conserver, pour ensuite, comme nous venons de le dire précédemment, les livrer à l'agriculture, soit sous cet état, soit à l'état de mélange avec la poudre d'*urines concentrées et solidifiées*.

C'est alors que, par l'application de ces puissants moyens, l'agriculture pourra rendre au sol ce qu'elle lui a enlevé.

C'est alors seulement que l'homme, auquel la terre donne ses plus riches produits, pourra lui rendre ce qu'il lui a emprunté.

Insensiblement la terre deviendra plus riche en principes, et par cela même plus féconde.

Tous nos moyens d'arriver à fournir à l'agriculture les engrais qui lui manquent ne sont pas encore là!

VI

Après avoir trouvé à combler une partie du déficit dans les engrais par les déjections animales, et par des matières absorbantes enrichies des gaz provenant de tout être qui a vie, et de ceux que dégagent les matières organiques animales et végétales en décomposition, le seul moyen d'arriver à fournir aux terrains producteurs tous les éléments qui leur sont nécessaires, celui d'amener l'agriculture au plus haut degré de prospérité, de la rendre digne du pays et propre à satisfaire aux besoins de notre population toujours croissante, c'est en quelque sorte d'en changer le motif.

Jusqu'à ce jour, le but essentiel et primordial de la culture des terres en France a été la production des céréales; qu'il se tourne aujourd'hui vers la propagation, l'éducation et l'engraissement successifs d'un grand nombre de bestiaux au moyen de plantes racines et fourragères, la quantité des fumiers sera considérablement augmentée, et la richesse territoriale s'accroîtra de manière qu'en peu d'années l'agriculture n'aura plus rien à désirer : par l'emploi des urines concentrées et des matières absorbantes enrichies des gaz dégagés par l'homme, l'animal et leurs débris, il est facile d'arriver à ce que nous proposons. Et qu'on se garde bien de croire, avec le vulgaire, qu'un tel changement de direction dans l'art agricole viendrait à nous priver de la première matière alimentaire, le *froment;* il l'accroîtrait, au contraire, à un très-haut degré, puisque dans la même exploitation agricole, une surface de terre fumée au double, mais moins étendue d'un quart ou d'un cinquième que celle qui précédemment y était emblavée en céréales, y produirait un tiers plus de grain ainsi que de paille, et dépenserait un quart ou un cinquième de moins en semences.

Cette question est bien simple, elle repose sur un nouveau mode d'assolement; la culture des plantes racines et celle des plantes fourragères est ce que nous proposons : tel est le moyen d'obtenir beaucoup d'argent par l'effet d'un triple nombre de bestiaux, et de récolter une bien plus grande masse de grains à l'aide de la quantité excédante de fumiers que ce système viendra à produire.

Plus grand est le nombre de têtes de bétail dans un établissement agricole, et plus riches deviennent les terres de cet établissement par le grand nombre de principes fertilisants qui se trouvent successivement fournis. La digestion des substances végétales, c'est-à-dire le passage de ces substances par l'intestin des animaux, augmente poids pour poids leur action fertilisante; c'est ce qui fait supposer que, en faisant consommer aux animaux la plus grande quantité possible de végétaux d'une exploitation, non-seulement c'est autant de nourriture de gardée, mais encore la valeur, comme engrais, du résidu, se trouve de beaucoup augmentée.

La France ne produit pas assez de bestiaux pour sa consommation; ils y sont fort chers : nos boucheries de la capitale ainsi que celles de nos grandes villes sont tributaires de l'étranger pendant une partie de l'année.

Les engrais, avons-nous déjà dit, c'est la résolution de tout problème agricole ; c'est l'âme, la vie et le gage de succès de tout ensemencement.

Créez donc, *en utilisant les urines comme engrais par les moyens que nous avons indiqués*, une grande masse de matières alimentaires, à l'aide de laquelle vous élèverez une grande quantité de bestiaux, qui produiront un beaucoup plus grand volume de fumiers, vous obtiendrez plus de viandes, plus de laines, plus de cuirs, plus de céréales, plus de graines oléagineuses, partant plus d'argent.

L'emploi des urines de l'homme et des animaux à l'état de concentration et de solidification ; l'emploi des gaz qui se dégagent de toutes les agglomérations humaines, après leur absorption et leur fixation par l'effet de la grande puissance absorbante et attractive du carbone, de l'argile calcinée et de l'acide muriatique ; l'augmentation des fumiers par suite du plus grand nombre de bestiaux que permettra d'élever, de nourrir et d'engraisser un plus grand nombre d'hectares de plantes racines et fourragères, alimentées par les urines solidifiées et les gaz obtenus des émanations animales et végétales, arrêtées au moment de leur dégagement ; tels sont les moyens d'arriver à fournir à l'agriculture les engrais qui lui manquent, tels sont, pour le cultivateur, les uniques secrets de la richesse et de la prospérité.

Depuis environ un siècle, la culture des plantes fourragères a pris beaucoup d'essor en France; mais nous sommes peu avancés sous le rapport des légumineuses. Chez nos voisins il en a été autrement.

Qui ne sait que les turneps, dont la culture a été adoptée en Angleterre depuis quatre-vingts ans, ont doublé les produits agricoles; que la carotte, si tonique, si alimentaire pour tous les genres d'animaux, n'a pas peu contribué à assurer à la Belgique la supériorité de ses cultures; que c'est aux choux branchus et aux rutabagas qu'est dû l'engraissement de ces excellents bœufs si connus dans les marchés qui approvisionnent Paris sous le nom de *Bœufs de Chollet*. Mais c'est particulièrement vers la betterave, qui, jusqu'à ce jour, n'a été cultivée en grand parmi nous que dans le but de la fabrication du sucre, qu'il convient d'appeler l'attention du cultivateur, et c'est la lettre de l'Empereur qui nous a fait arrêter un instant sur cette production, et cela, parce que nous avons reconnu que cette lettre est un véritable bienfait pour l'agriculture; en effet, par le libre échange qu'elle autorise, l'arrivée des sucres de canne sera plus grande, et la lutte ouverte entre les producteurs du sucre d'Amérique et les producteurs du sucre indigène sera terminée, et ces derniers, ce qu'il serait facile de leur démontrer, trouveront un gain plus certain et moins variable en employant leurs betteraves à l'éducation et à l'engraissement des races bovines et des races ovines dont nous avons omis de parler.

Voici donc une preuve bien certaine, sur tant d'autres que nous pourrions citer, que la lettre du 15 janvier est un véritable bienfait.

Ce fut en envisageant la culture de la betterave sous le rapport de l'éducation du bétail, qu'il y a trente ans, un général député prédit à la tribune que cette culture deviendrait une immense source de richesses pour la France.

En donnant cette nouvelle application à la betterave, en augmentant la culture des plantes racines, etc., au milieu de trente-six millions d'habitants que possède la France, la production de la viande ne pourra éprouver de superfétation.

Pour encourager l'éducation du bétail, on pourrait affecter en dons au profit des cultivateurs zélés, une partie de ceux que le gouvernement élève dans ses établissements. Ce moyen, pour augmenter et propager les races, serait des meilleurs pour arriver à de prompts résultats. Donnez, dispersez des races choisies, et ces races seront conservées, et bientôt la France n'aura rien à revendiquer à ses voisins.

Nous saisissons l'occasion d'exposer ici, en passant, jusqu'à quel point notre système d'éducation de chevaux est défectueux (1). Chez nous, tout s'use, rien ne s'améliore. *Heureux pour la France d'avoir su*

---

(1) Depuis 1848, l'industrie chevaline a cependant fait de grands progrès. Cette amélioration ne peut être due qu'à la réorganisation des haras nationaux par l'arrêté du 11 décembre 1848.

choisir pour monarque, dans un moment où elle avait besoin d'être relevée, un prince qui sut lui faire comprendre ses intérêts!

Au moyen âge, nos pères ne faisaient la guerre qu'à cheval, et ils étaient beaucoup plus habiles que nous dans la production des chevaux : soixante mille chevaux périrent dans chacune des campagnes qui amenèrent les sanglantes journées de Bouvines, de Crécy, de Poitiers et d'Azincourt; les printemps suivants, il en reparaissait autant au feu de l'ennemi; aujourd'hui, si notre cavalerie et notre artillerie venaient à nous demander trente mille chevaux, nous ignorons d'où on pourrait les tirer.

Ici, nous nous arrêtons, et nous nous résumons; car il serait trop long d'examiner toutes les branches de l'agriculture.

En France, les récoltes ont diminué dans leur rendement, et les chevaux, comme les bêtes bovines et ovines, ont diminué de nombre. Après avoir rendu au sol producteur des engrais en quantités convenables, c'est par le choix de la nature des cultures, et par l'éducation et l'engraissement du bétail que l'agriculture peut acquérir le plus haut degré de prospérité possible.

Un problème était posé par la nécessité; les gens de science se sont appliqués à le résoudre; mais leurs résultats n'ont pas atteint tout le but désirable; les engrais manquaient, et il fallait les trouver pour rendre à la terre toute sa force végétante, toute sa vigueur première; nous avons travaillé à ce problème et nous l'avons enfin résolu. Aujourd'hui l'urine, matière se renouvelant sans cesse, peut être amenée à l'état de poudre qui renferme les principes azotés les plus riches que l'agriculture puisse se procurer, et de ce puissant engrais, qui jusqu'à ce jour a été méprisé et perdu, doit sortir la véritable source des richesses des campagnes. Nous pouvons le dire avec orgueil, nous avons trouvé l'engrais le plus riche, et de plus un engrais inépuisable.

La science agricole, et par cette science, des engrais, et par des engrais des racines, des fourrages, et par ces récoltes, des bestiaux, et par des bestiaux, des engrais encore; puis des récoltes et des récoltes, des capitaux, la richesse dans les campagnes, le commerce et l'abondance dans les villes.

Tableau de la richesse en azote des divers engrais artificiels. Prix de revient de la fumure à richesse égale en azote.

NOMS DES ENGRAIS.	Azote pour 100.	Phosphate pour 100.	Équivalent par hectare.	Prix des 100 k.	Dépenses par hectare.
Tourteaux de M. Rohart.	5.00	6.00	800.00	7.00	56.00
Fumier de ferme. .	0.40	0.43	10.000.00	0.65	65.00
Poudrette d'Amiens.	1.40	8.40	2.850.00	3.30	94.00
Guano du Pérou. .	14.21	30.20	281.00	36.00	101.00
Engrais Marchand.	5.46	2.50	732.00	36.00	263.00
Engrais Millaud. . .	5.30	16.60	754.00	36.00	271.00
Engrais God. Bédarrid	3.36	15.20	1.190.00	34.00	404.00
Engrais Lyon. . . .	1.94	1.80	2.061.00	34.00	700.00
Urines concentrées.	20.00	8.00	600.00	8.00	48.00 (1)

Les doses d'azote et de phosphore, pour les urines concentrées, peuvent être diminuées ou augmentées à la volonté du fabricant.

Les phosphates peuvent être augmentés ou diminués en ajoutant des os broyés, puis dissous par l'acide sulfurique, ou tout simplement des os calcinés après leur mise en poussière.

(1) Cet engrais renferme en outre tous les éléments qui entrent dans la composition des végétaux, tels que potasse, soude, chaux, acide sulfurique, etc.

Résumé de la richesse en azote des divers engrais mixtes employés en agriculture.

DÉSIGNATION DES ENGRAIS.	Azote contenu dans 1000 parties d'engrais.	Quantité équivalente à 1000 kilog. de fumier de ferme ordinaire.
		kilog.
Chiffons de laine (tels qu'on les trouve dans le commerce)	179.8	3.3
Cornes, sabots, griffes, ongles, etc., complétement desséchés	166.0	3.2
Râpure de corne (telle qu'on la trouve dans le commerce	143.6	4.1
Bourre de poils de bœuf (à l'état normal)	137.8	4.4
Chair musculaire séchée à l'air	130.4	4.6
Sang insoluble séché en grand	148.7	4.0
Sang sec soluble (tel qu'on l'expédie)	121.8	4.9
Sang coagulé et pressé	45.1	13.3
Sang liquide des abattoirs de Paris	29.4	20.4
Sang de chevaux épuisés	27.1	22.1
Noir anglais (sang, chaux, suie) à l'état marchand	69.5	8.6
Résidus de bleu de Prusse animalisés avec du sang (à l'état marchand)	13.1	45.8
Pains de creton (à l'état marchand)	118.7	5.0
Tourteau d'épuration des graines vertes par la sciure de peuplier (état normal)	35.4	16.8
Tourteau d'épuration d'huile de poisson par la sciure de peuplier (état normal)	5.	111.1
Rognures de cuir désagrégé	93.1	6.4
Marc de colles des fabriques (tel qu'on le trouve dans le commerce)	37.3	16.1
Résidus de colle d'os	5.3	112.0
Morue salée altérée	67.0	8.9
Morue salée lavée et fortement pressée	168.6	3.3
Harengs frais complétement desséchés	117.1	5.1
Colombine (tel qu'on l'emploie)	83.9	7.1
Idem de Patagonie (*idem*)	20.9	28.7
Idem de la baie de Saldanha (*idem*)	13.3	45.1
Litière de vers à soie (5e âge)	32.8	18.8
Idem *idem* (6e âge)	32.9	18.2
Chrysalides des vers à soie	19.4	20.6

Résumé de la richesse en azote des divers engrais mixtes employés en agriculture. (Suite.)

DÉSIGNATION DES ENGRAIS.	Azote contenu dans 1000 parties d'engrais.	Quantité équivalente à 1000 kilog. de fumier de ferme ordinaire.
		kilog.
Les mêmes complétement desséchées. . . .	89.9	6.6
Hannetons desséchés.	139.3	4.3
Fumier de ferme à l'état ordinaire.	6.0	100.0
Fumier d'auberge du Midi à l'état ordinaire.	7.9	76.0
Terreau de crottin épuisé, complétement desséché	10.3	58.2
Eaux de fumier (1).	0.6	1000.0

(1) Très-peu de ces engrais renferment des sels minéraux, ou les renferment-ils en quantités insuffisantes pour les besoins des végétaux.

www.ingramcontent.com/pod-product-compliance
Ingram Content Group UK Ltd.
Pitfield, Milton Keynes, MK11 3LW, UK
UKHW021621260726
13965UKWH00007B/1405

9 782013 033664